易小点数学成长记

The Adventure of Mathematics

还我一斗米

童心布马 / 著
猫先生 / 绘

5

北京日报出版社

图书在版编目（CIP）数据

易小点数学成长记. 还我一斗米 / 童心布马著；猫先生绘. --北京：北京日报出版社，2022.2（2024.3 重印）

ISBN 978-7-5477-4140-5

Ⅰ. ①易… Ⅱ. ①童… ②猫… Ⅲ. ①数学—少儿读物 Ⅳ. ① 01-49

中国版本图书馆 CIP 数据核字 (2021) 第 236848 号

易小点数学成长记　还我一斗米

出版发行：北京日报出版社
地　　址：北京市东城区东单三条 8-16 号东方广场东配楼四层
邮　　编：100005
电　　话：发行部：（010）65255876
　　　　　总编室：（010）65252135
印　　刷：鸿博昊天科技有限公司
经　　销：各地新华书店
版　　次：2022 年 2 月第 1 版
　　　　　2024 年 3 月第 7 次印刷
开　　本：710 毫米 ×960 毫米　1/16
总 印 张：25
总 字 数：360 千字
总 定 价：220.00 元（全 10 册）

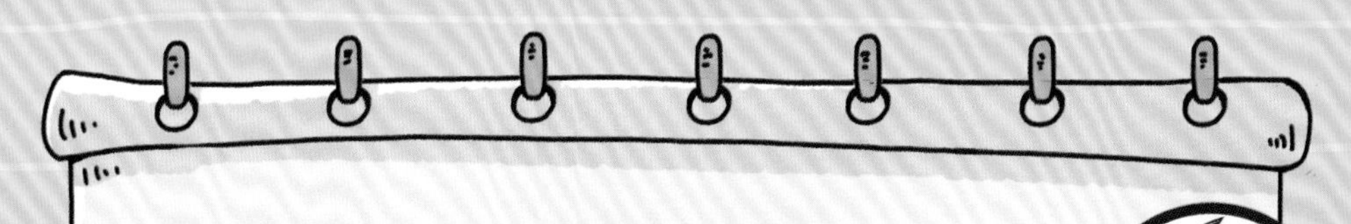

目录

臭豆腐
老板，来两份臭豆腐。
好嘞！
一共 5 元钱。
支付成功。
支付方式变化真大，和我数据库里存储的完全不一样了。
啊！难道以前不是这样吗？
当然不是了，支付方式和支付媒介都发生过很多次变化。
那以前的人是怎么买东西的呢？
走，向货币源头出发！

原始社会
我有一头多余的猪。
我有多余的兔子和鱼，换你的猪行不行？
原始社会没有“买卖”的行为，人们只会用物品交换自己需要的东西。
不换不换，我觉得自己很亏。
那我们用一种东西当作交易所有东西的标准吧！
我们就用稀有的齿贝来交易吧！
可以，你的猪价值10个贝，我的兔子价值2个贝。你同意吗？
中国人很早就开始使用贝壳进行交易，5贝为一串，2串为一朋。
商朝都城
殷
易小点又在磨蹭什么？
他去捡贝壳了。

看上去和贝壳很像啊。
商朝晚期，人们已经开始使用金属货币了。
那时的贝币是贝壳形状的金属货币，是真正的钱！
我白捡这么多贝壳了！
春秋战国时期
你总是太心急，钱财只是身外之物。
春秋战国时期，每个国家都有不同形状的金属货币，交易起来太不方便啦！
2 个刀币能买 10 斗米！
不可能，2 个蚁
才能买 10 斗米！

秦统一六国后，统一了货币，通行圆形铜钱，还有白银、黄金。之后的几千年，中国的货币基本都是这个形式。
秦

但是，金属货币很重，不方便携带，宋朝时出现了纸币——交子。
原来货币的背后有这么多故事呢！

现在，连纸币都很少使用了。
所以，你们买东西的时候没有“花钱”的感觉，不觉得心疼。

那都是我们的血汗钱呀！
我以为刷出去的只是数字而已呢。

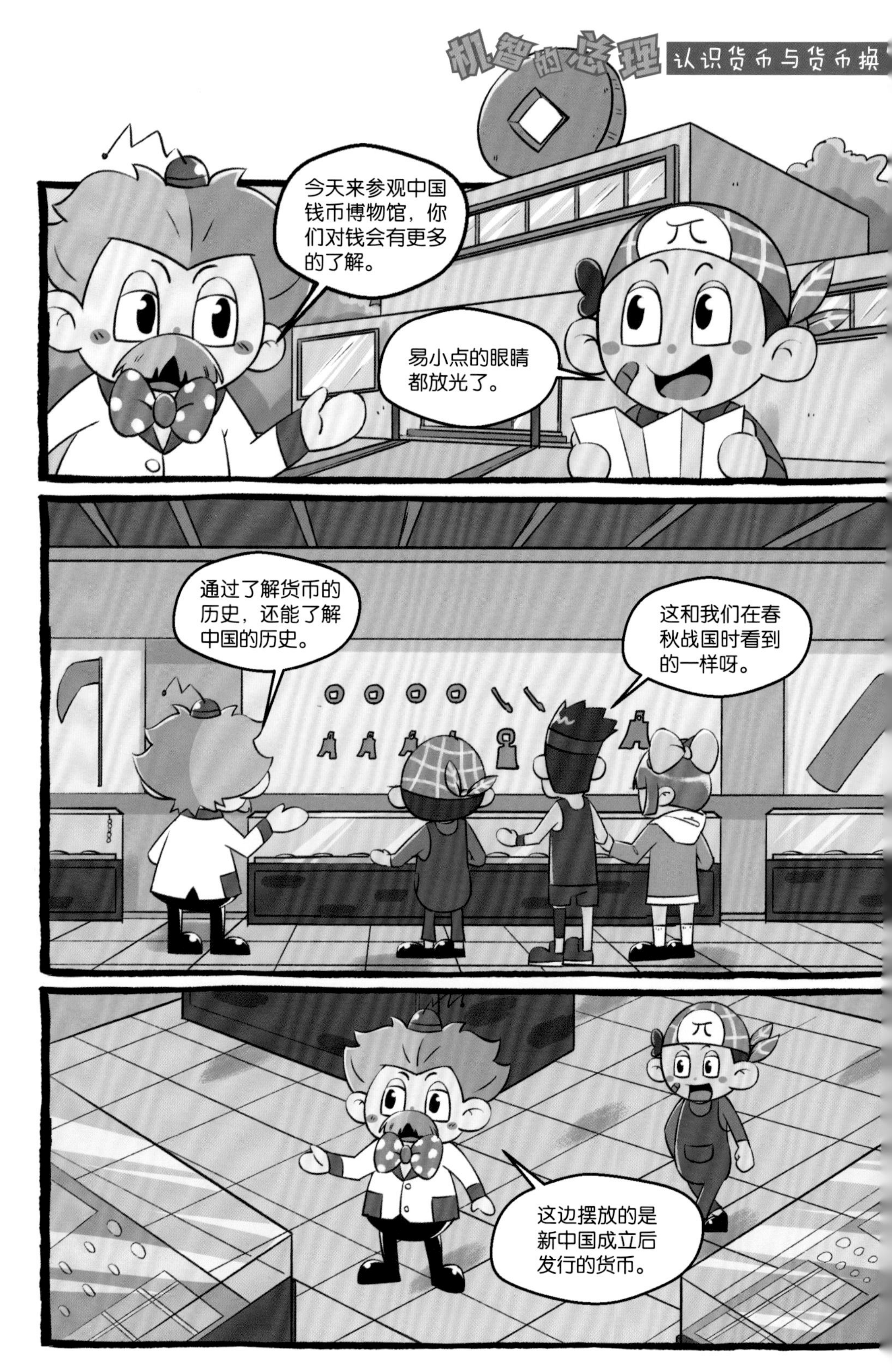
今天来参观中国钱币博物馆，你们对钱会有更多的了解。
易小点的眼睛都放光了。
通过了解货币的历史，还能了解中国的历史。
这和我们在春秋战国时看到的一样呀。
这边摆放的是新中国成立后发行的货币。

哇！

说来惭愧，每天都在花钱，却不知道钱背后的历史。
没想到高斯博士还这么了解经济史。

我的数据库里有关经济史的信息不多，带你们去见一个新朋友吧。

哇！看到这些历史，
我突然觉得很自豪。
欢迎来到历
史阅览区！

博士，您说的
朋友在哪里？

我在这里！

机器人？！

中國人民銀行
拾圓
我来给你们讲个小故事，你们听了会更自豪的。

新中国成立之初，百废待兴……

周总理在一次接待外宾时，有外国记者想嘲笑中国经济落后。
总理，请问中国人民银行有多少资金储备？

糟了，哪个国家的领导人也不确定银行里具体有多少钱呀。
是啊！总理请回答一下。

中国人民银行里有
18元8角8分。
这是什么意思?
中国人民银行里有面额为10元、5元、2元、1元的主币。
还有5角、2角、1角、5分、2分、1分的辅币。合计为18元8角8分。
人民币的单位是元，
人民币的辅币单位是角、分。
1元＝10角
1角＝10分
人民币符号是“¥”
哇！周恩来
的回答真棒

小π家
小π回来了，玩得开心吗？
很开心！
我还买了纪念品！
人民币纪念册

考试还有 20 分钟结束，请大家抓紧检查！
20 分钟后……
时间到，都放下笔吧。

你们考得怎么样？
反正都写满了。
时间完全不够用，后面的题还没来得及做呢。
谁发明了计时器？也太讨厌了吧。
虽然我不讨厌计时器，但也挺好奇是谁发明的。
走，问问博士去！

博士，易小点想知道是谁发明了讨厌的计时器。
讨厌？
古人想知道做一件事用了多长时间，或者在比赛时看谁的速度快，他们经常以“一炷香”“一盏茶”来计时。
这样只能知道时间的长短，不能准确地知道具体时间点，如果要约定见面时间，该怎么办呢？
古人也想到了这一点。
中国历史上有记载的计时器有日晷（guǐ）、刻漏、机械钟、石英钟等。

向计时器的源头出发！
“日晷”的意思是“太阳的影子”，是利用太阳和影子的关系来计算时间的。
日晷长得像一张大饼。
日晷上有12个格子，代表子、丑、寅、卯、辰、巳、午、未、申、酉、戌、亥十二个时辰。每3个格子又被称为一刻。人们常说的午时三刻，分为初午时三刻（11：45）和正午时三刻（12：45）。
晚上
灯笼都亮起来了，古时候的夜景也挺美呀。
到处都是灯笼，日晷上的影子都乱了……

意大利
所以日晷没有流传下来。一位被软禁的发明家因为无聊，提出了制造计时器的新思路。
我也经常感到无聊，看来也有成为发明家的潜质。
伽利略因支持哥白尼的日心说，被教皇软禁起来。一次，他无聊时拿着一个坠子有节奏地来回摆动。
他发现，坠子的摆动节奏和自己的脉搏一样，是有规律的。他想用这种有节奏摆动的东西来带动指针，计算时间。于是，他画出了摆钟的设计图。
可惜，伽利略还没来得及实现这个设想，就去世了。

1657 年，荷兰物理学家惠更斯发现通过钟摆的频率可以计算时间，于是撰写了《摆钟论》。此后，世界上才有了真正的摆钟。
了，我们
去吧！
现在是 6 点！刚好到该回家的时间了。
易小点，你还不能回家。
你的考卷没做完，再给你一盏茶的时间完成它吧。
茶
几盏茶也没用，我根本不会做这道题。
1

舞台剧公演
演员室
嗨！大家好，我们是参加本次公演的演员。
你们准备好了吗？
《时钟家族》公演的后台采访到此结束，大家一起观看正式演出吧。

当当——
演出开始！
拉开
大家好！我是时针小π——客串主持人。
这是我们的家——钟面。
我是时针的弟弟——分针。我的个子比哥哥还要高。
秒针
我们家个子最高的其实是秒针弟弟。

我们家里有 60 个间隔相等的小格子，12 个间隔相等的大格子。
12
11
1
10
9
8
7
6
我们兄弟三个每
都在这些格子之
玩追逐跑游戏。
秒针弟弟走 1 小格代表 1 秒钟，走完 60 小格代表 1 分钟。这时，我这个分针就要往前走 1 小格。
我走 1 小格代表 1 分钟，走完 60 小格代表 1 小时。这时，我的时针大哥就要往前走 1 大格。时针走 1 大格代表 1 小时。

跑步真累！
你走完一圈了吗？
那么“一炷香”“一盏茶”到底是多长时间呢？
“一炷香”是30分钟左右；“一盏茶”是15分钟左右。
演出到此结束。感谢您的观看！
时钟家族，时时刻刻为您服务！

为了庆祝演出成功，博士要亲自下厨做拿手菜。
蔬菜基地
广告招租位
这个买 5 千克，那个买 6 千克……

老板，来 6 根萝卜。

博士，别人跟您说的都不一样，您“千克、千克”地说，好奇怪呀。

千克是重量的标
准计量单位！
我的系统设定就
是这么严谨！
买菜而已，不用这
么严谨吧？
基地
我带你去古代看看如
果重量单位不严谨会
发生什么。

春秋时期
范蠡(lǐ)大人，这是我还给您的1斗米。
古时候没有标准的重量计量工具，只能估算。
这米是不是有点少？
您借给我的就是1斗呀。
每次都这样，总是用大斗借米，用小斗还米。这样下去可不行呀。
小朋友可不要学习这种不诚信的行为。

范蠡看到一个农夫在从井中汲水。农夫在井边固定了一个木桩，木桩上放着一根长木棍，长木棍的一端放水桶，另一端放大石头。大石头向前移动，水桶就会下沉到井里；大石头向后移动，盛满水的水桶就会被提上来。范蠡从中得到了启迪。
他在一根细直木棍的前端钻了一个小孔，并在小孔处系上麻绳，用手来提着；在小孔的前端拴上吊盘，用来装盛货物。
他在小孔的后端系一块鹅卵石作为砣；鹅卵石移动得离小孔越远，能吊起的货物就越重。他在木棍上做了16个刻度标记，1个刻度代表1两，最外端的刻度代表1斤。所以，古时候16两为1斤。
所以古时候的半斤就是8两。原来“半斤八两”是这么来的呀。

从此，便有了统一的称重工具——杆秤。
你还觉得计量单位不严谨也没关系吗？
不，不，不，必须严谨。
后来欧洲人发明了称重更严谨的天平。
用重量不同的砝码来测量物品的重量。

好了，我们赶紧
回去做饭吧！
怎么全是鱼呀！
我的拿手菜就是鱼，
你们多吃些鱼就会像
我一样聪明。
也得有点别
的菜吧。

动物园
哇！长颈鹿的脖子好长！
大象看起来像一座小山。
动物会和我们一样定期体检，测量身高、体重吗？

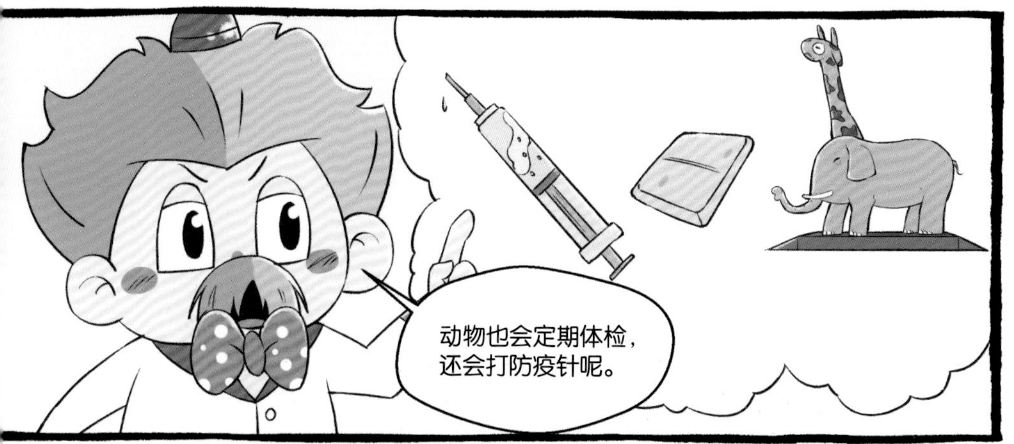
动物也会定期体检，
还会打防疫针呢。

大象这么大，怎
么称重呢？

大象不会也要站
到体重秤上吧！

抱歉，超重了。

给大象称重要用特殊的地磅，那是专门用来给大型车辆和动物称重的工具。
我们买蔬菜水果时用到的重量单位是克、千克，称大象会用到一个更大的重量单位——吨。
1 吨 =1000 千克
1 千克 =1000 克
让我搜索一下。我记得有一个关于给大象称重的故事！
一头大象会有多少吨重呢？

这个故事发生在三国时期……
吴国的孙权送给曹操一头大象。
魏
曹操十分高兴，带领文武百官和小儿子曹冲一同去看。
谁能告诉我这头大象有多重?

去哪儿找那么大的秤？
去哪儿找那么大的秤砣？
可以先做一杆超级大的秤再称大象！
把大象切成小块，一一块地称。这多省事
正在大家议论纷纷时，小曹冲站出来说他有个好办法。
父王，儿臣有个办法，既不用造秤也不用杀死大象。
不可能！
曹冲命人把象牵到船上，等船身稳定后，在船舷上跟水面一样齐的地方刻了一条横线。

巴象牵到岸上来，往船上装大石，等船身刻的那条横线下沉到和面一样齐时，停止装石头。
然后将石头分装到篮子里，称出石头的重量。石头重量的总和就是大象的重量。
曹冲真聪明！大象到底有多重呢？
我估计，一篮子石头重 100 千克，一共用了 50 篮石头。
100 千克 x 50 = 5000 千克
1000 千克 = 1 吨
5000 千克 = 5 吨
一头大象这么重，大概够我吃一辈子了吧。
大象是保护动物，可不能吃。
不吃不吃，我们快回家吧，晚上的动物园好恐怖啊！

正在认真写作业的小 π。
你是我的小呀小苹果……
又是广场舞！
你是我的小呀小苹果……
你是我的小呀小苹果……

丁零零——
你怎么熬出黑眼圈了？
别提了，昨天晚上被广场舞的音乐吵得崩溃了。
你可以测量一下音量有没有超标。
博士，声音也可以测量吗？
当然，向声音测量的源头出发！
苏格兰

亚历山大·格拉汉姆·贝尔非常孝顺，他大部分的发明都是为了帮助他失聪的母亲听到声音。
妈妈，能听到吗？
好像可以！
最后，他的发明造福了所有的失聪人士，还推动了人类对声音的研究。
贝尔发现，有声音通过时，薄金属片就会发生震动，声音越大，震动的幅度就越大。
于是，他用这个发现发明了助听器、电话等工具。
分贝dB
为了纪念贝尔，人们用他名字中的“贝尔（Bel）”作为声音强度的计量单位，现在我们说的1分贝，相当于$\frac{1}{10}$贝尔。

博士，广场舞音乐为什么会让我感觉不舒服呢？
让你不舒服的不是广场舞音乐，是高分贝的噪声。
长期在夜晚接受50分贝以上的噪声，容易导致心血管疾病。
50dB
55dB
音量高于55分贝，会对儿童的学习效率产生负面影响。
音量超过110分贝，可能导致永久性听力损伤。
60dB
110dB
音量高于60分贝，会让人从睡梦中惊醒。
70dB
音量超过70分贝，会使心肌梗死的发病率提高30%左右。
测量一下你家楼下的广场舞音量是否超标，如果超标可以去投诉。
我可不想像贝尔的妈妈一样。

小 π、易小点，去我家玩吗？
今天空气质量不太好。不知道空气质量是怎么测量的？

你家装修好了？
对呀！

到了！
你家也太大了！

你家怎么有种怪怪的味道？！
我测量一下空气质量。
甲醛含量为0.06毫克/立方米，在安全范围内。
0.06mg
空气质量测量其实是浓度测量的一种，测量的是空气中含有的不良物质的浓度。空气质量指数的单位通常是毫克/立方米。
太神奇了，空气质量居然是这样测量的！
铅笔妹，你不会是叫我们来吸甲醛的吧？
讨厌！你们是在质疑我的人品，还是在质疑我的测量数据？

高斯博士的小黑板

（本册知识点汇总）

人民币单位换算

人民币的单位为元，人民币的辅币单位为角、分。人民币符号为“¥”。

1元 = 10角

1角 = 10分

时间单位换算

1天 = 24小时

1小时 = 60分钟

1分钟 = 60秒

质量单位换算

1吨 = 1000千克

1千克 = 1000克

声压级的单位：分贝

空气质量指数的单位：毫克 / 立方米

易小点日报
知识点
★认识数
★运算
★图形与测算
★特殊测算
★统计与概率
★基础应用
★典型应用
粮
自然数：指用以计量事物的件数或表示事物次序的数。又叫作非负整数。
整数：是正整数、零、负整数的集合，整数不包括小数、分数。
正数：比0大的数叫作正数，0本身不是正数。
负数：比0小的数叫作负数，负数与正数表示意义相反的量。
单位换算
1千米=1000米
1米=10分米
1分米=10厘米
1厘米=10毫米
1元=10角
1角=10分
1天=24小时
1小时=60分钟
1分钟=60秒
1吨=1000千克
1千克=1000克

身不是正数。
负数：比0小的数叫作负数，负数与正数表示意义相反的量。负数前用负号“-”表示。
奇数：指不能被2整除的整数。奇数可以分为正奇数和负奇数。
偶数：指能够被2整除的整数。偶数分为正偶数和负偶数，正偶数也称双数。
有理数：是整数（正整数、0、负整数）和分数的统称。
无理数：也称为无限不循环小数，不能写作两个整数之比。
因数与倍数：整数a除以整数b
是b的倍数。
粮
自然数：用以计量事物的件数或表示事物次序的数。又叫作非负整数。
整数：是正整数、零、负整数的集合，整数不包括小数、分数。
正数：比0大的数叫作正数，0本身不是正数。
负数：比0小的数叫作负数，负数与正数表示意义相反的量。
奇数：指不能被2整除的整数。奇数可以分为正奇数和负奇数。
偶数：指能够被2整除的整数。偶数分为正偶数和负偶数，正偶数也称双数。
有理数：是整数（正整数、0、负整数）和分数的统称。
无理数：也称为无限不循环小数，不能写作两个整数之比。
因数与倍数：整数a除以整数b（b≠0）的商正好是整数而没有余数，我们就说a是b的
易小点日报
知识点
★认识数
★图形与测算
★统计与概率
★典型应用
★运算
★特殊测算
★基础应用
单位换算
1千米=1000米
1米=10分米
1分米=10厘米
1厘米=10毫米
1元=10角
1角=10分

跟着易小点，
数学每天进步一点点

猫先生

北京日报出版社
微信公众号

童心布马
微信公众号

上架建议：儿童读物

ISBN 978-7-5477-4140-
9 787547 741405
总定价：220.00元（全10册）